AF297937

CONSIDÉRATIONS

SUR

LE GLANAGE,

Pour servir de réponse à la question faite sur cet objet par la ci-devant Commission d'Agriculture.

Par Étienne CALVEL,

Ci-devant Membre de plusieurs Académies, Sociétés littéraires et d'Agriculture, de la Société d'Émulation de Colmar.

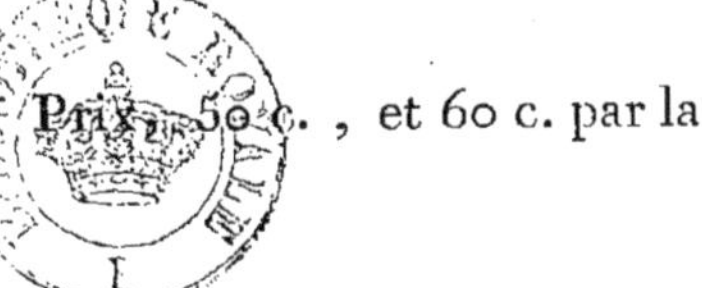

Non ignara mali, miseris succurrere disco. Virg.

Je connus le malheur, puissé-je l'adoucir !

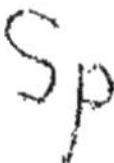

Prix, 5o c., et 60 c. par la poste.

A PARIS,

Chez A.-J. Marchant, Lib. pour l'Agriculture, rue des Grands-Augustins, n°. 12.

AN XII. — 1804.

Parmi les Questions envoyées par la ci-devant Commission d'Agriculture, il en est une sur le Glanage, conçue ainsi :

« Glanage. --- *Il a une origine religieuse.*

» Il pouvait être utile, aux époques où l'organisation sociale
» était grossière, que la religion imposât des obligations de
» cette nature. Mais les gouvernemens actuels, qui croient en
» général devoir s'occuper des pauvres, peuvent supprimer
» l'usage du glanage, s'il a quelque inconvénient, soit comme
» restreignant le droit de propriété, soit comme gênant l'agri-
» culture. On demande quels sont les différens usages à cet
» égard, et les inconvéniens qui en résultent. On n'oubliera
» pas de faire entrer en considération, pour sa suppression,
» la difficulté d'empêcher de glaner avant l'enlèvement des
» récoltes : il s'établit toujours alors une lutte entre les pro-
» priétaires et les glaneurs ».

Je me suis fait un devoir bien cher de répondre à une question de cette importance, qui intéresse l'ordre social sous plusieurs rapports.

AUX PAUVRES DE LA CAMPAGNE.

Le plus beau droit de la propriété a été, dans tous les âges, de le partager momentanément avec vous. Elle s'est fait un heureux devoir de vous abandonner, de préférence aux oiseaux du ciel et aux animaux de la terre, quelques grains épars, qu'invoque avec instance la prévoyance de l'irrésistible nécessité.

Le Dieu qui ordonne aux champs du riche de se couvrir de moissons, a mis dans son cœur le besoin bien doux de vous tenir lieu d'une seconde Providence, afin de vous alimenter de ce qui eût été perdu pour lui et pour la société, sans votre active et vigilante sollicitude.

Souvent même, de la main libérale de l'homme sensible, il a laissé échapper, à dessein, quelques épis de plus, devenus, en quelque sorte, un heureux larcin que la bienfaisance se faisait à elle-même, pour s'enrichir de ce qu'elle donnait.

Les lois, et la religion qui est leur plus ferme appui, se sont constamment réunies pour sanctionner une institution aussi auguste, qui date de l'origine des tems.

Pauvres, ô mes amis ! pourquoi faut-il que quelques abus dans l'empressement ou la manière de recueillir une aumône aussi sacrée, puissent servir de motif ou de prétexte pour faire desirer sa suppression ?

Si la loi vous accorde la faculté de la recueillir, cette aumône, elle vous impose des conditions dont l'exécution seule légitime ce droit.

Faites voir, par votre exactitude à les remplir, que vous êtes dignes de la sollicitude du propriétaire, de la protection du législateur, des bontés de cette Providence qui couvrit de ses ailes votre berceau et toutes les époques d'une vie qui paraît si précaire ! Justifiez ses attendrissans bienfaits, par votre résignation dans l'état où elle vous a placés, par votre vive reconnaissance pour ses soins sans cesse renaissans, et par votre soumission aux lois qui émanent de ceux qu'elle a établis pour vous les imposer.

Recevez cette nouvelle assurance de mes vœux pour vous.

CALVEL.

CONSIDÉRATIONS

SUR

LE GLANAGE.

(Extrait du n°. 9 du tome II de la Feuille du Cultivateur *, rédigée par* Ét. Calvel. *)*

LE glanage est l'aumône la mieux placée, la plus réfléchie, la moins onéreuse que le riche puisse faire à l'infortune et à la misère. En permettant son usage, le propriétaire ne donne rien de ce qu'il eût pu recueillir et s'approprier, et ce qu'il laisse ramasser au pauvre, est le prix bien mérité de son assiduité, de sa vigilance et d'un pénible travail.

J'avoue qu'en lisant la question proposée sur cet objet au nom de la ci-devant commission d'agriculture, je vis dans sa rédaction une intention prononcée pour sa *SUPPRESSION* ; je vis qu'on s'efforçait de la motiver sur des prétextes frivoles, sur des in-

convéniens que les lois avaient prévus , qui cesseront
dès l'instant même qu'on voudra faire exécuter les
réglemens. Je vis qu'on ne paraissait pas même s'ap-
percevoir du grand bien , tant public que particulier , qui en résulte de tems immémorial. J'avoue
que , persuadé que cette suppression serait un fléau,
une vraie calamité générale , j'éprouve plus que de
la surprise , sur-tout quand je réfléchis sur le contraste
qu'offre une semblable opinion , avec tant d'insti-
tutions de bienfaisance , de sociétés philantropiques,
de réunions pour soulager l'humanité souffrante , tant
de projets d'établissemens publics , qui semblent an-
noncer qu'une sensibilité aussi active qu'éclairée étend
chaque jour son empire sur les cœurs.

Ce sentiment de commisération serait-il donc borné
aux villes ? Ne s'exercerait-il que sur l'indigent qui
les habite ; et lorsque les soupes économiques dont
Vauban , Madame *Lambert* donnèrent l'idée aux
Français , et que nous avons adoptées d'après le
comte *de Rumford* ; lorsque les secours à domicile ,
lorsque des travaux publics améliorent ou rendent
moins pénible le sort des citadins , les cœurs devien-
draient-ils d'airain pour l'habitant infortuné des campagnes , qui fertilise nos terres de sa sueur ? Quoi !
on voudrait lui ravir la légère subsistance qu'une providence attentive à vêtir le lys des champs , a toujours soin de ménager à la constance de ses pénibles
recherches !

Pauvres de la campagne ! ô mes amis , dont j'ai si
souvent partagé les travaux et la sollicitude , dont
j'aurais voulu en tout tems adoucir la situation , j'ai un

instant connu le malheur presque comme vous ; j'ai
reçu souvent la pénible confidence de vos infortunes ,
j'en ai approfondi le détail ; c'est votre cause que je me
fais un devoir de défendre contre des paradoxes qui
ne tendent à rien moins qu'à répandre la consterna-
tion dans votre sein.

Je vais démontrer que le glanage est non-seulement
utile , mais qu'il est nécessaire , même indispensable ; que son institution, qui date peut-être de
l'époque de la réunion des hommes en société , est
l'institution la plus respectable ; qu'il ne peut résul er
aucun avantage de sa *SUPPRESSIÓN* , et qu'elle pourrait entraîner de grands malheurs ; que les inconvéniens qu'on lui suppose , *comme restreignant le droit
de propriété et comme gênant l'agriculture* , sont nuls
ou illusoires. Je parlerai enfin de ses abus , et des
moyens de les prévenir ou d'y remédier. Puissé-je
remplir cette tâche glorieuse , et mériter que mes
lecteurs puissent dire de moi : *Beatus qui intelligit
super egenum et pauperem !*

Le glanage , dit-on , *a une origine religieuse.* Je
sens tout ce qu'en 1792 , cette qualification eût eu
de force et d'ascendant pour le rendre odieux ; mais
de nos jours qu'on est persuadé que le fanatisme n'est
que l'exagération , le délire des sentimens religieux ;
puisqu'une bien cruelle expérience nous a convaincus
que la religion seule était la base fondamentale des
gouvernemens , la sauve-garde des mœurs , le ga-
rant le plus assuré de la soumission aux lois sociales ,
c'est, dans ce moment, rendre à cette institution

tout son éclat et toute sa force , que de lui donner une origine aussi auguste.

Il pouvait être utile , dit-on , *aux époques où l'organisation sociale était grossière , que la religion imposât des obligations de cette nature.*

Toujours la religion ! Je voudrais cependant demander au rédacteur de cet article , si ce ne serait pas plutôt la loi civile qui a imposé ce devoir , que la religion s'est efforcée de rendre plus sacré , puisqu'il n'était qu'une conséquence de l'esprit de bienfaisance et de charité qu'elle tâche d'entretenir. Car il n'est pas inutile de lui observer que , dans l'état où est la société actuellement , la religion impose l'obligation de se soumettre au code civil , mais qu'il n'émane point d'elle , et qu'il ne serait pas raisonnable de lui donner une origine religieuse.

Mais , dira-t-on , *Moïse* a fait une obligation du glanage (1) ; cela est vrai , mais il ne l'est pas moins que *Moïse* avait vécu à la cour de *Pharaon* , en Egypte , où *l'organisation sociale n'était pas grossière à cette époque* , quoique le respect pour le pauvre , l'intérêt qu'il inspirait , y eussent consacré le glanage. Les uns ont prétendu que c'est une institution que *Moïse* prit chez les Egyptiens , et qu'il établit , ainsi que bien d'autres pratiques qu'il emprunta de ce peuple. D'autres la regardent comme une loi religieuse , pour une nation dont le gouvernement était théocratique ; milord *Brolinbrok* , *Hume* , *Voltaire* sont du premier sentiment , n'y ont vu qu'une loi poli-

______

(1) Lévit. c. 19 , v. 10 ; c. 23 , v. 22.

tique. Je laisse à l'auteur de la question , qui veut donner au glanage une origine religieuse , le soin de réfuter ces philosophes. Quant à moi , je crois qu'il est plus avantageux de faire voir que , non-seulement le glanage *pouvait être utile à l'époque où l'organisation sociale était grossière* , mais que , de nos jours , *quelque perfectionnée* qu'on la suppose , il n'est pas moins *nécessaire* , et *même moins indispensable.*

Le produit du glanage est plus ou moins considérable , suivant la chaleur de l'atmosphère , la fertilité des terres , la nature du froment, parce que , lorsque la paille est très-sèche , lorsque le grain est mieux nourri et plus pesant , il se décolle plus facilement. Aussi les champs qu'on moissonne les premiers , sont ceux qui offrent le moins de glanage. Le gouvernement peut seul parvenir , avec les renseignemens pris par les administrations départementales , à avoir une approximation assez juste du produit du glanage. Des particuliers ne peuvent avoir que des renseignemens très-imparfaits à cet égard. Ceux que j'ai pu me procurer dans quelques endroits , ont varié suivant les localités. Telle commune qui n'est occupée que de la récolte des grains , comme dans le ci-devant Vexin , dans une très-grande partie de la Normandie , de la Picardie , dans la Beauce , etc. , offre un glanage plus abondant que celle où la culture est partagée entre la vigne , le froment , etc.

J'ai vu à Gamache , dans le département de l'Eure , et dans d'autres communes , des glaneuses ramasser , dans leur été , de six à neuf boisseaux de froment , qui , à raison de 45 livres pesant par boisseau , faisaient de 270 à 405 livres pesant (environ de deux à trois hectolitres). Les enfans en ramassaient environ la moitié , plus ou moins ; mais , en supposant que la plus habile glaneuse n'en ramassât pas plus qu'un enfant , et en réduisant le glanage par personne à un quintal , en l'an 4 et 5 , j'ai compté à Gamache quatre-vingt-sept glaneuses. Voilà donc , pour cette seule petite commune , quatre-vingt-sept quintaux de froment.

On compte en France environ soixante mille communes. Supposons une moitié où le glanage ne produit que très-peu , il en restera au moins trente mille qui fourniront , à compter soixante glaneurs par commune , dix-huit cent mille personnes occupées à ramasser ce qui doit nécessairement échapper à l'activité du moissonneur. Voilà donc un million huit cent mille quintaux de grain qui auraient péri en pure perte pour l'état. (Je prie d'observer que ce produit peut être doublé sans inconvénient.)

Je suis donc persuadé que , si le glanage n'existait pas , le gouvernement trouverait un bénéfice immense à l'établir.

Considérons son résultat sous un autre point de vue. J'ai assez habité la campagne pour être convaincu que les familles pauvres trouvaient dans le glanage leur nourriture pendant trois et quatre mois au moins. J'en ai vu à Hacqueville , Sainte-Marie , Villers , etc. qui vivaient sur leur glanage , encore le cinquième mois après qu'il avait été fait. Voilà donc le pauvre nourri au moins un quart de l'année , sans qu'il en coûte rien au gouvernement , au propriétaire , sans qu'il soit besoin d'invoquer des secours , d'établir des soupes à la Rumford , sans donner de l'exercice à la sensibilité philantropique.

Sans doute, à des époques extrémement rares , telle que celle où nous nous trouvons dans ce moment, dans laquelle l'abondance a forcé de mettre les grains à un bas prix , dont le pauvre n'abuse que trop dans les campagnes , la suppression du glanage serait une calamité moins cruelle ; mais transportons – nous à 1792 , ce tems de famine et d'horreur où une disette réelle ou factice porta le désespoir dans tous les cœurs ; que serait devenu le malheureux habitant des campagnes , s'il n'avait eu la ressource du glanage , qui a , pendant une partie de l'année , diminué l'horreur de son état , et comme suspendu la mort la plus affreuse qui planait sur sa chaumière ? On a vu, oui ! on a vu la mère de famille presser inutilement ses mamelles desséchées par la famine , pour sustenter encore quelques minutes l'infortuné nourrisson qui s'épuisait inutilement sur ces deux réservoirs de lait , que le besoin avait taris ; on l'a vu , dans des accès de désespoir, maudire presque sa fécondité, dont elle était si fière peu de jours avant , même lorsqu'elle venait de sacrifier , pour le fruit de ses entrailles , l'anneau d'or et la croix qui lui rappellaient l'heureux moment où elle reçut ce gage de la tendresse conjugale.

Il périt , à cette époque, tant de monde de misère et de famine ! Des maladies d'un caractère contagieux en furent la suite ! Tant de santés en ont été et en sont encore altérées ! Tant d'ouvriers utiles ont vu énerver leur vigueur ! Que serait-ce s'il eût fallu prolonger cette déplorable existence trois mois de plus , pendant lesquels le glanage a suppléé ? Et c'est à l'époque encore récente où notre cœur saigne du souvenir de cette grande calamité , qu'on propose la suppression du glanage !

Je me souviens encore de la grande impression que fit une pièce de *Favart* , intitulée *les Moissonneurs* ; je crois jouir de l'enthousiasme public à ces deux vers :

> Laissez tomber beaucoup d'épis ,
> Pour qu'elle en glane davantage (1).

Ce propos d'un homme sensible et honnête , qui sut respecter le malheur et la vertu dans une jeune Moabite qu'il reconnut ensuite pour sa parente , et qu'il épousa , n'est que l'expression du sentiment que l'amour de l'humanité grave dans tous les cœurs bien nés ; l'intérêt public , au lieu de l'éteindre , réclame impérieusement tous les moyens de l'entretenir et de l'augmenter , et le gouvernement les trouvera toujours , ces moyens , dans le surcroît d'abondance qu'offre le glanage.

Je le demande à ceux qui font des vœux et des efforts pour sa suppression : comment , dans des années calamiteuses , suppléeriez-vous au déficit d'environ deux millions de quintaux de grains qu'il produit ?

Je leur demande encore , vu l'impuissance où est le propriétaire de glaner et de faire glaner , que deviendrait cette énorme quantité de grain qu'on laisserait dans les champs ?

Je frémis de le dire , et mes lecteurs partageront

---

(1) De vestris manipulis projicite de industriâ et remanere permittite , ut absque rubore colligat , et colligentem nemo corripiat. Ruth. 2 , 16.

mon émotion ; les vaches , les moutons , les pourceaux , etc. des propriétaires et fermiers le consommeraient. Quoi ! vous proposez de détruire une institution aussi sublime que celle que la providence a ménagée au pauvre laborieux , pour lui offrir l'affreux spectacle de voir dévorer , en peu de momens , les moyens de subsistance que les lois lui ont assuré de tems immémorial , et vous ne craindriez pas les suites d'un désespoir qui retentirait d'une extrémité de l'empire à l'autre ! Osez , si vous en avez le courage , en calculer les effets.

Cette considération n'allarmera point , n'occupera pas même un instant un gouvernement paternel , dont tous les vœux , tous les efforts tendent au soulagement de la partie infortunée de l'empire , qui, plus que toute autre , fournit des bras pour cultiver la terre , pour soutenir la gloire de nos ateliers et de nos manufactures , des soldats vigoureux dans les camps , et des héros sur le champ de bataille.

Mais , dit-on , *les gouvernemens actuels, qui croient en général devoir s'occuper des pauvres , peuvent SUPPRIMER l'usage du glanage , s'il a quelque inconvénient , soit comme restreignant le droit de propriété , soit comme gênant l'agriculture.*

Je vais suivre cette phrase , non en m'occupant des *gouvernemens actuels* , mais du nôtre , qui fait plus que de CROIRE EN GÉNÉRAL DEVOIR *s'occuper des pauvres* , car il met au nombre de ses devoirs les plus chers , d'aller à leur secours , de manière que ses vues générales aient leur application pour le soulagement des particuliers ; de là l'heureuse impulsion qu'il ne cesse de donner pour électriser la sensibilité.

Par le bien qu'il a déjà fait, jugez de ce qu'il se propose de faire.

Il a presque tout à recréer à cet égard ; et après la
crise violente que nous avons éprouvée, après les
plaies profondes qu'il a à cicatriser, il ne peut réparer
et perfectionner que lentement.

Mais croyez-vous de bonne foi qu'en s'occupant des
ressources à fournir au pauvre, il n'en trouve pas
une bien assurée dans le glanage ?

N'évaluons le blé qu'à 10 fr. le quintal. Il y a au
moins, sans qu'il en coûte à personne, vingt millions de répandus dans la cabane du pauvre laborieux.
Supprimons le glanage ; où prendriez-vous ces vingt
millions ? Dans les revenus publics ? Il faudrait donc
créer de nouveaux impôts ? Direz-vous que chaque
commune doit nourrir ses pauvres ? Mais il n'est
pas de propriétaire qui ne vous réponde : « Ne
» leur ôtez pas le glanage, et n'augmentez pas nos
» charges ». Il pourrait ajouter : « S'il est un salaire
» mérité, c'est celui qui est le prix du glanage. Voyez
» avec quel courage, quelle constance, à l'ardeur
» d'un soleil brûlant, le corps continuellement courbé
» vers la terre, depuis le point du jour jusqu'à son
» déclin, le glaneur court et revient d'une extrémité
» du champ à l'autre, pour ramasser de tous côtés,
» un à un, des épis dont il forme ses *poignées*. Voyez
» comme la prévoyance du besoin rappelle un reste
» de vigueur, dans ce vieillard dont le travail a hâté
» la décrépitude ! Voyez comment, à côté d'une
» mère, de jeunes enfans dont elle excite l'émula-
» tion, s'exercent, s'habituent, s'endurcissent à un
» travail qui les soustrait aux suites funestes du dé-

» sœuvrement. Oui ! le travail est une dette sacrée
» que la société a contractée envers l'indigence qui
» le réclame, pour s'affranchir de la loi impérieuse
» de la nécessité ».

On peut observer, d'ailleurs, que ce n'est point
parce que le gouvernement forme des projets de s'occuper des pauvres, qu'on pourrait supprimer le glanage, mais que cette suppression ne pourrait avoir lieu
que lorsque les moyens de le remplacer seraient réa-
lisés, ce qui est bien différent.

Abordons actuellement la grande question des *inconvéniens* du glanage. Je vais faire voir combien est
illusoire le motif de suppression fondé sur ces mots,
*comme restreignant le droit de propriété, et gênant
l'agriculture.* Je ne puis m'empêcher de voir dans ces
mots des idées à peu près métaphysiques, contre les-
quelles nous avons d'autant plus à nous tenir en garde,
que l'expérience nous a appris ce qu'elles nous coû-
tent.

Nous ne sommes plus dans ces tems, elle ne re-
viendra plus cette époque à jamais désastreuse, où
l'on disait à la tribune de la Convention : Périssent les
colonies, plutôt que de sacrifier un seul principe !
Voyons en quoi le glanage est *comme restreignant le
droit de propriété.*

Qu'est-ce que la propriété ? C'est le droit de jouir
et disposer des choses de la manière la plus absolue
conformément aux lois ou réglemens.

Ce droit ne peut être acquis, conservé, transmis
qu'aux charges que le législateur a cru devoir imposer
dans sa sagesse, ou pour empêcher l'abus du droit de
propriété, ou pour le plus grand bien de la société.

Nul propriétaire ne peut en conséquence se sous-traire à payer l'impôt établi sur cette propriété , nul ne peut laisser inculte un champ fertile , nul n'en peut détruire la moisson , ou en laisser perdre une partie volontairement. Ces sortes de restrictions , que le bien commun a mis sur la propriété , sont faites pour en consolider le droit.

Je demande donc quelle atteinte peut porter à la propriété le droit que la loi accorde au pauvre , d'entrer dans un champ ouvert , pour ramasser , pendant vingt-quatre ou quarante-huit heures , pour y ravir aux animaux , ou arracher à la destruction , ce qui doit concourir à assurer son existence (1) ?

Quant à l'objection *comme gênant l'agriculture* , il faut assurément tirer les choses de bien loin et en déduire de furieuses conséquences , pour trouver l'agriculture gênée , parce qu'on aura ramassé , pendant quelques heures , des épis dans un champ qu'on ne doit labourer que quelques mois après.

On ajoute : *On n'oubliera pas de faire entrer en considération pour sa suppression , la difficulté d'empêcher de glaner avant l'enlèvement des récoltes.*

Je pense qu'on eût mieux fait , en disant : *On n'oubliera pas de recommander l'exécution des réglemens qui empêchaient de glaner avant l'enlèvement des récoltes.*

On dit : *Il s'établit toujours alors une lutte entre les propriétaires et les glaneurs.*

Toujours est une exagération bien irréfléchie ,

---

(1) *Summum jus , summa injuria est.* TER.

pour provoquer une pareille suppression. J'ai vu rarement des exemples de cette nature, à moins que l'incurie, l'indolence du propriétaire n'autorisât cet abus. J'ai très-long-tems habité à la campagne, j'ai été même deux fois à portée d'exercer la police et une vigilance active à cet égard. J'ai fait publier les réglemens avant l'époque du glanage, et n'ai eu que très-peu l'occasion d'en provoquer l'exécution.

Offrir cette prétendue difficulté, qu'il est si facile de prévenir, ou à laquelle on peut remédier facilement, pour ôter à la partie la plus infortunée du peuple de grandes ressources de subsistance, qui nous conservent des millions d'individus, j'avoue qu'une pareille considération ne me paraît pas conforme, ni aux sentimens de bienfaisance, ni aux règles de la logique. Il n'est rien qui n'ait ses abus. Dira-t-on qu'il faut arracher les vignes, parce que, dans un moment d'ivresse, il s'est commis des excès condamnables, ou même de grands crimes ? Je suis persuadé que de pareilles considérations ne feront jamais fortune. La loi veille, répondrai-je, pour la répression des abus. Il n'est pas de tribunal qui n'ait fourni des exemples, pour prouver qu'avec de la vigilance et de la fermeté, cela est très-facile.

Ils sont sans doute nombreux, ces abus ; mais, dans un moment où nous avons perfectionné notre code civil, l'agriculture réclame dans le code rural une loi juste et sévère qui concilie l'intérêt du prolétaire, qui a besoin de glaner, avec celui du propriétaire. En conséquence, j'ai cru devoir proposer, pour le bien de l'agriculture, un projet de loi sur le glanage.

Projet de Loi sur le glanage.

Art. I. Le glanage est une aumône que l'intérêt public et particulier a , de tout tems , consacré pour la subsistance du *véritable pauvre* qui réclame le droit de l'exercer.

II. Sera regardé comme véritable pauvre , tout individu qui n'a pas de bien pour se sustenter , lui et sa famille , et qui est hors d'état de travailler à la récolte.

III. Sont aussi regardés comme tels , toute femme âgée de plus de cinquante ans , et tout homme qui a atteint sa soixantième année , tout infirme ou convalescent qui est hors d'état de travailler à la moisson d'une manière active , tout enfant, fille ou garçon , âgé de moins de douze ans ; toute mère nourrice qui a , indépendamment de son nourrisson , un enfant en bas-âge , s'ils n'ont pas de bien pour se nourrir.

IV. Nul ne pourra entrer dans les champs pour glaner , qu'il n'en ait obtenu , pour lui et ses enfans, du maire de sa commune , une permission par écrit , qui spécifiera le motif de cette permission.

V. Les maires seront responsables des abus qui pourraient résulter de leur condescendance à donner des permissions aux personnes qui ne sont pas comprises dans les art. II et III.

VI. Nul ne pourra entrer dans les champs , pour glaner , avant le coucher du soleil , et y rester lorsqu'il est couché.

VII. Dans un moment où l'on est menacé d'orage, ou lorsqu'il y a un péril imminent pour la récolte, tout propriétaire est autorisé à requérir le maire, pour obliger les glaneurs et glaneuses d'aider à ramasser les javelles, pour faire les gerbes, et seconder les moissonneurs dans tout ce qu'ils commanderont d'utile pour le bien de la récolte.

VIII. Tout glaneur et glaneuse qui sera convaincu d'être entré dans les champs avant l'enlèvement de la dernière gerbe, sera privé par le maire du droit de glaner, pendant un ou plusieurs jours, suivant l'exigence du cas.

IX. Tout glaneur ou glaneuse qui sera convaincu d'avoir pris dans les javelles, dans les gerbes, soit dans les champs, soit sur les charrettes, sera, par cela seul, privé du droit de glaner, et envoyé devant le tribunal de police correctionnelle, pour être puni comme voleur, et condamné à la restitution de la chose volée et aux dommages.

X. Les pères et mères seront responsables, à cet égard, pour leurs enfans.

XI. Tout glaneur ou glaneuse qui sera convaincu de s'être approprié les glanes d'un autre glaneur, sera privé du droit de glaner pendant la moisson, et forcé à la restitution.

XII. Le droit de glaner ne peut s'exercer que dans les champs ouverts, et non dans les enclos, à moins d'une permission verbale du propriétaire.

XIII. Si, à raison de la division des propriétés, plusieurs champs voisins de celui où la récolte a été enlevée, sont couverts de grains, le maire pourra ordonner que le glanage ne commence, dans cette partie, qu'après l'enlèvement des fruits.

XIV. Il est défendu aux glaneurs de traverser les champs encore couverts de fruits, sous prétexte d'abréger leur chemin, pour aller dans un champ découvert.

XV. Les femmes et enfans des moissonneurs ne pourront glaner dans les champs où ces derniers ont scié ou fauché le blé.

XVI. Il est défendu, sous quelque prétexte que ce soit, de glaner au râteau dans les champs, autres que ceux qui ont produit de l'avoine ou des fourrages. Les épis seront ramassés à la main.

XVII. Nul berger, pâtre, vacher, quel qu'il soit, ne pourra mener ses troupeaux dans les champs que 24 ou 48 heures après que le glanage aura été ouvert, à peine de......

XVIII. Les gardes-champêtres sont chargés, sous leur responsabilité, et à peine de dommages et destitution, de l'exécution de la présente loi, de dresser procès-verbal de son infraction, de prévenir toute rixe entre les glaneurs, et d'en rendre compte au maire, qui pourra interdire le glanage, pendant un ou plusieurs jours, aux auteurs ou fauteurs de ces rixes.

XIX. Les infractions au présent réglement seront, sur le rapport des maires, de leurs adjoints ou gardes-champêtres, poursuivies devant le tribunal de police correctionnelle de chaque canton, et punies conformément à l'art. 5 du titre 11 de la loi du 24 Août 1790, et aux art. 21 et 22 du titre 2 de la loi sur la police rurale.

F I N.

www.ingramcontent.com/pod-product-compliance
Ingram Content Group UK Ltd.
Pitfield, Milton Keynes, MK11 3LW, UK
UKHW022250070726
13613UKWH00005B/2196